FACULTAD DE CIENCIAS DE LA SALUD
PROGRAMA DE MEDICINA

PATRONES HISTOPATOLÓGICOS TUMORALES

INFORMACIÓN EDITORIAL

PRIMERA EDICIÓN
© 2012
TODOS LOS DERECHOS RESERVADOS
Editorial Publicaciones UDES

ISBN: 978-958-8118-80-2

Editado por
Publicaciones UDES
Octubre
de 2012

Ilustraciones por Jorge Andrés García Vera

**DEPARTAMENTO DE PATOLOGÍA
UNIVERSIDAD DE SANTANDER
BUCARAMANGA COLOMBIA
2012**

Comentarios y críticas constructivas sobre este libro:
patología@udes.edu.co

ISBN 978-958-8118-80-2

Vol. 1, No. 1, Mayo 2012 – ISSN

PRESIDENTE HONORARIO
Fernando Vargas Mendoza

RECTOR
José Asthul Rangel Chacón

EDITORIAL
Universidad de Santander UDES

DISEÑO Y DIAGRAMACIÓN
Departamento de Publicaciones
Universidad de Santander UDES

DIRECTOR
William Reyes Serpa

AUTORES

Julio A. Diaz-Perez, MD, MS
Jorge Andrés García-Vera, MD

Juan Pablo Márquez Joya
Fabio Valencia Castañeda
PRÓLOGO
Roger Klein Moreira

ILUSTRACIONES POR
Jorge Andrés García Vera

UNA PUBLICACIÓN DE:
FACULTAD DE MEDICINA
UNIVERSIDAD DE SANTANDER UDES
Periodicidad:

Calle 70 No. 55 - 210 Campus Universitario
Lagos del Cacique
Teléfono: (57) 7 6516500 Ext: 110 - 130
Correo electrónico:
Patologia@udes.edu.co
Bucaramanga, Colombia

PATRONES HISTOPATOLÓGICOS TUMORALES

JULIO A. DIAZ-PEREZ, MD, MS
JORGE A. GARCIA-VERA, MD

JUAN PABLO MÁRQUEZ JOYA
FABIO VALENCIA CASTAÑEDA

PRÓLOGO DE ROGER KLEIN MOREIRA

Departamento de Patología
Universidad de Santander

2012

INFORMACIÓN EDITORIAL

PRIMERA EDICIÓN
© 2012
TODOS LOS DERECHOS RESERVADOS
Editorial Publicaciones UDES

ISBN: 978-958-8118-80-2

Editado por
Publicaciones UDES
Mayo de 2012

Ilustraciones por Jorge Andrés García Vera

DEPARTAMENTO DE PATOLOGÍA
UNIVERSIDAD DE SANTANDER
BUCARAMANGA COLOMBIA
2012

Comentarios y críticas constructivas sobre este libro:
patología@udes.edu.co

ISBN 978-958-8118-80-2

ÍNDICE DE AUTORES

Julio Alexander Diaz-Perez, MD, MS

Médico Patólogo

Master en Medicina Forense

Profesor de Patología

Universidad de Santander - UDES

Jorge Andrés García Vera, MD

Médico Patólogo

Profesor Asociado

Universidad de Santander - UDES

Juan Pablo Márquez Joya

Estudiante VII Semestre de Medicina

Universidad de Santander - UDES

Fabio Valencia Castañeda

Estudiante VII Semestre de Medicina

Universidad de Santander - UDES

Tabla de Contenidos

PRESENTACIÓN

Una de las mayores preocupaciones de los educadores médicos es la búsqueda constante de la calidad de sus enseñanzas, que debe entenderse en términos de relevancia social, de pertinencia de los contenidos, del perfeccionamiento humano y profesional de sus alumnos, todo lo cual redundará en beneficio de los pacientes, de la sociedad en general.

El producto de las experiencias académicas y científicas que conducen a la generación de conocimiento, debe ser documentado so pena de desaparecer, de desperdiciarse, de perderse, al punto de que se acepta como una responsabilidad de las comunidades académicas, la publicación de esos resultados y su posible influencia en el mejoramiento de la calidad de vida de las personas a quienes van dirigidos.

Pero publicar implica dedicación, tiempo, responsabilidad, esfuerzos adicionales a las labores cotidianas, por ello, producir un libro dedicado a esclarecer dudas, consolidar conceptos y organizar el conocimiento para que pueda ser mejor asimilado por los estudiantes, debe ser objeto de reconocimiento por parte de las comunidades académicas.

La enseñanza y el aprendizaje de la Patología se reconocen como una labor compleja que requiere gran esfuerzo y dedicación por parte del maestro y del alumno; por ello consideramos esta obra como un aporte importante de los autores, al mejoramiento del proceso de asimilación y fijación de conocimientos que los estudiantes de medicina deben alcanzar en este importante campo de su formación profesional.

Nuestro reconocimiento a los autores de esta obra que consideramos un muy valioso aporte a la educación médica Colombiana.

William Reyes Serpa
Decano Fac de ciencias de la salud
Universidad de Santander. UDES

PRÓLOGO

The practice of surgical pathology in modern times has become increasingly complex and sophisticated and has moved from a strictly morphologic science to one that encompasses the study of disease biology in intricate detail, utilizing histochemical, immunohistochemical, and various molecular techniques. Tumor pathology, in particular, has transcended its role as a "diagnostic" science and has become essential for guiding treatment and establishing prognosis.

Every technique born in this his new era in tumor pathology, however, is essentially guided by the nuances of morphologic characterization described by our predecessors. Pattern recognition is perhaps the most fundamental skill a pathologist should possess - the foundation upon which the entire field of anatomic pathology is built. First learned early in our training, as medical students and residents, the ability to describe and characterize tumors is continuously polished throughout our lives as pathologists. Pattern recognition is both a science and an art.

On this note, I would like to commend Drs. Julio Diaz-Perez and Jorge Garcia-Vera for their beautifully illustrated manual entitled "Histoapthological Patterns of Tumors". This guide will undoubtedly serve as a valuable educational tool for medical students and pathology residents alike. In this manual, as in surgical pathology, science meets art.

Roger Klein Moreira, M.D.
Professor of Pathology and Cell Biology
Columbia University College of Physicians and Surgeons
New York, NY, USA

CAPITULO 1

Patrones en Medicina y Patología

La Medicina es la ciencia que trata de mantener el estado de Salud ya sea en el ser Humano o en otros animales, para tal fin esta ciencia interviene en diferentes etapas para impedir el desarrollo de la enfermedad o sus consecuencias. Una vez instaurado un proceso nosológico en un organismo, se consolida como fundamento principal de la Medicina el lograr un adecuado diagnostico además de caracterizar la enfermedad lo mas detalladamente posible con información altamente relevante que permita la toma de decisiones que les serán ofrecidas a los pacientes ya sea para recuperar el estado de salud, o para mitigar los daños producidos por la enfermedad.

Con el creciente avance de la Medicina se ha desarrollado un gran espectro de especializaciones entre ellas las disciplinas de apoyo diagnostico. En la actualidad se encuentran dos de ellas ampliamente reconocidas, la radiología o estudio de imágenes diagnosticas obtenidas por procedimientos no invasivos y la patología o estudio de la enfermedad en su sentido mas extenso. Esta ultima especialidad de la medicina realiza su actividad a través de la evaluación de muestras obtenidas del organismo estudiado, dependiendo del tipo de muestra y el estudio a realizar se pueden desarrollar diferentes procedimientos de Anatomía Patológica, Citología, Patología Clínica y Patología Molecular. La Anatomía Patológica se encarga de la evaluación de muestras de tejidos y órganos obtenidas por biopsias o autopsia. Dicha evaluación posee diferentes niveles de complejidad que se desarrolla desde el análisis macroscópico, pasando por la evaluación histopatológica hasta la emisión del diagnostico definitivo.

En años recientes la evaluación histopatológica ha enérgico como la piedra angular en la emisión del diagnostico en Anatomía Patológica, en dicha evaluación se analizan diferentes parámetros como lo son el origen de la muestra, la determinación de la naturaleza de la lesión, el patrón histológico, el grado o severidad de la lesión, las características citológicas e immunohistoquimicas, además de otras. Dichas características se han estudiado en su mayoría, sin embargo no existe consenso sobre una de las características fundamentales en el estudio de la Anatomía Patológica, los patrones histopatológicos en tumores. Por lo cual en este manual se realiza una revisión de los aspectos esenciales de este campo, para brindar una aproximación organizada, ilustrada y descriptiva sobre este importante tópico. Es de aclarar que la intención de este manuscrito no es el de proporcionar un protocolo rígido en la descripción quirúrgica, ni en el estudio patológico.

Para desarrollar este manual se realizaron dos búsquedas estructuradas de la literatura, la primera de ellas en la base de datos Medline, según la metodología Cochrane, de artículos publicados desde enero de 1990 a diciembre de 2011, utilizando los términos "Neoplasms by Histologic Type", "Histopathology" y "Pattern", limitados a humanos, en idioma ingles y español, obteniendo 12056 referencias, de las cuales se seleccionaron las originales y se revisaron sus resúmenes. Una segunda búsqueda fue realizada en los libros de la serie de patología y genética de la Organización Mundial de la Salud (OMS) (3-12). El fin de estas dos búsquedas fue identificar los diferentes patrones histopatológicos tumorales empleados comúnmente por patólogos.

CAPITULO 2

Patrón

La palabra patrón, derivada del latín patr□nus, se define como el modelo que sirve de muestra para sacar otra cosa igual. A continuación se hará un abordaje organizado, ilustrado y descriptivo de cada uno de los 59 patrones histopatológicos identificados a través de su búsqueda en la serie de patología y genética de la Organización Mundial de la Salud (OMS) (3-12) y en MedLine. Para su mejor comprensión estos patrones se han dividido en 11 grupos (mostrados en los capítulos 3 a 13) según sus Características morfológicas.

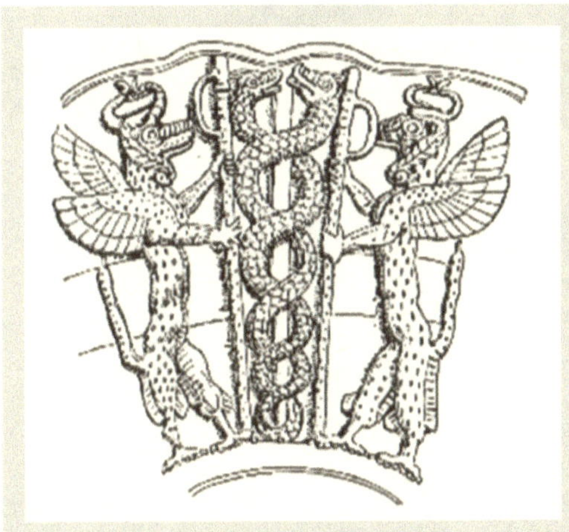

El dios sumerio Ningiz-zida era el patrón de la medicina. En la imagen que va acompañada de dos grifos. Una imagen similar, con dos serpientes se enroscan alrededor de una barra que se llama el caduceo.

CAPITULO 3

Con formación de agrupaciones celulares

Este primer grupo se caracteriza por tener en común la formación de agrupaciones celulares altamente cohesivas, separadas unas de otras por un estroma de características variables. Esta conformado por los patrones Nodular (Nidos), Lobular, Sólido, Insular, Multinodular, Organoide/ Zellbalen, Medular, Sincitial y en malla.

1. Nodular

Del latín nidus, patrón compuesto por colonias de células neoplásicas cohesivas, separadas por un estroma de características variables desde laxo a denso.

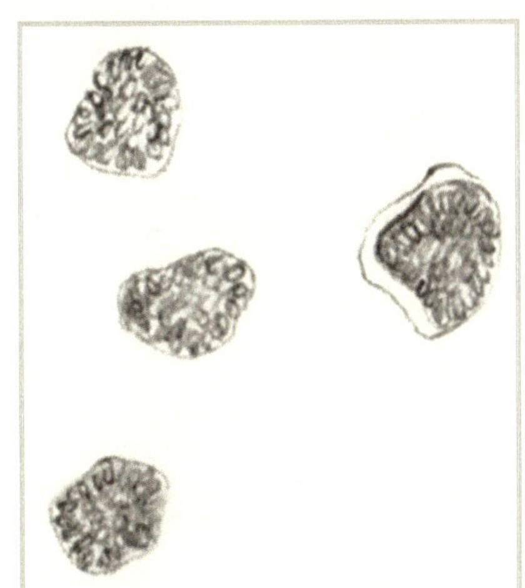

Ejemplos:

- Tumor de Brenner
- Tumor de células granulares
- Tumor carcinoide
- Carcinoma basocelular nodular
- Meningioma meningotelial
- Tumor de células claras

2. Lobular

Del latín lobo. Patrón compuesto por estructuras redondeadas bien definidas y agrupadas de células cuyas características son semejantes.

Ejemplos:

- Hemangioma capilar lobulado. (granuloma piógeno)
- Carcinoma lobular in situ de la glándula mamaria
- Adenoma tubular apocrino
- Poroma ecrino maligno
- Espiradenoma ecrino

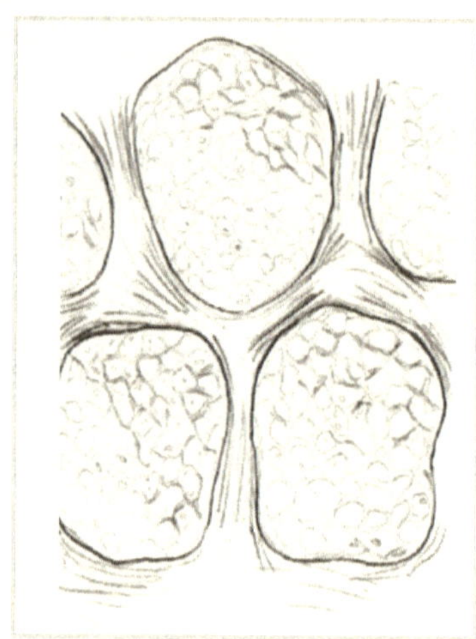

3. Sólido

Del latín solidus. Agrupación maciza con una alta densidad celular, que tiene como característica su gran cohesividad, sin presencia de estroma apreciable en microscopia óptica entre las células neoplásicas.

Ejemplos:

- Adenocarcinoma gástrico difuso
- Carcinoma basocelular sólido
- Melanoma solido
- Adenocarcinoma endometrioide grado III
- Tumor carcinoide

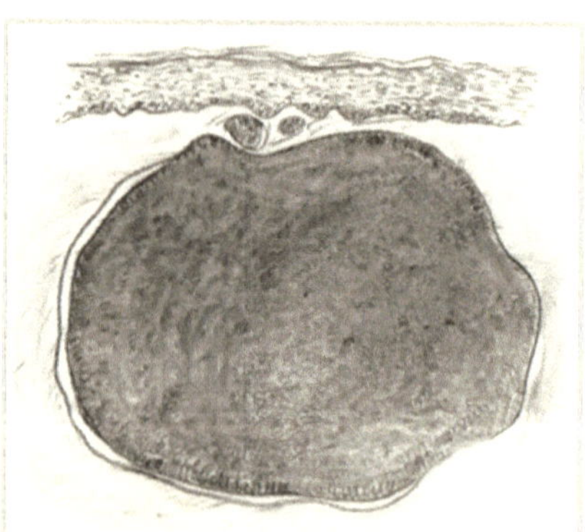

4. Sincitial

Es el patrón arquitectural conformado por una masa protoplasmática en la que coexisten varios núcleos y se constituye cuando la formación de nuevos núcleos tras la mitosis (cariocinesis) no va seguida de citocinesis, es decir, de partición del citoplasma.

Ejemplos:

- Tumor trofoblástico epitelioide.
- Cambio sincitial del endometrio.
- Carcinoma timico linfoepitelioma like.
- Carcinoma indiferenciado.

5. Multinodular

Del latin nod☐lus. Se refiere a la concreción de múltiples estructuras celulares sólidas, redondeadas y de pequeño tamaño.

Ejemplos:

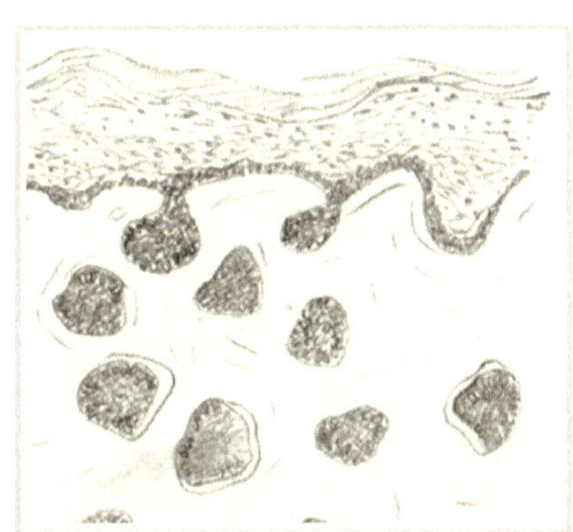

- Carcinoma basocelular micronodular
- Tumor carcinoide
- Tricoblastoma
- Carcinoma papilar de tiroides variedad folicular difuso

6. Organoide / Zellballen

Se refiere a la característica arquitectural en la cual células neoplásicas de características variables se disponen en nidos o lóbulos altamente cohesivos, los cuales están delimitados por una prominente red conectiva de fibras de colágeno.

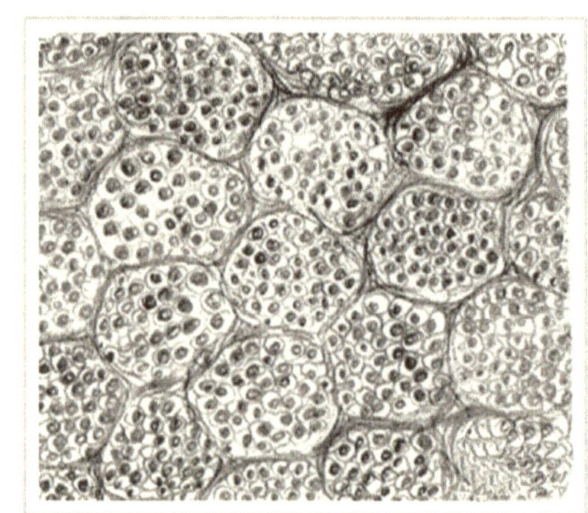

Ejemplos:

* Paraganglioma
* Feocromocitoma

7. Medular

Del Latin medialis, es un tipo característico de patrón tumoral en el cual la lesión crece por compresión y esta conformada por células poco diferenciadas entremezcladas con linfocitos. El estroma que lo rodea es por lo general fibrocito.

Ejemplos:

* Carcinoma medular de tiroides.
* Carcinoma medular de la mama.

8. Sincitial

Es el patrón arquitectural conformado por una masa protoplasmática en la que coexisten varios núcleos y se constituye cuando la formación de nuevos núcleos tras la mitosis (cariocinesis) no va seguida de citocinesis, es decir, de partición del citoplasma.

Ejemplos:

- Tumor trofoblástico epitelioide.
- Cambio sincitial del endometrio.
- Carcinoma timico linfoepitelioma like.
- Carcinoma indiferenciado.

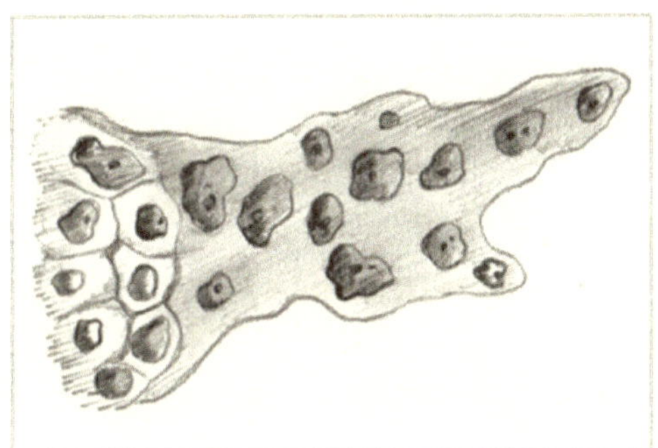

9. En Malla o "Chicken Wire"

Este tipo de patrón deriva del ingles Chicken Wire, debido a su semejanza con las mallas utilizadas para construir corrales para aves; en este patrón se produce la formación de múltiples líneas irregulares, por las membranas celulares de las células tumorales, que al verlas en conjunto crean un entramado de imágenes geométricas hexagonales y cuadradas.

Ejemplos:

- Oliodendroglioma
- Condroblastoma

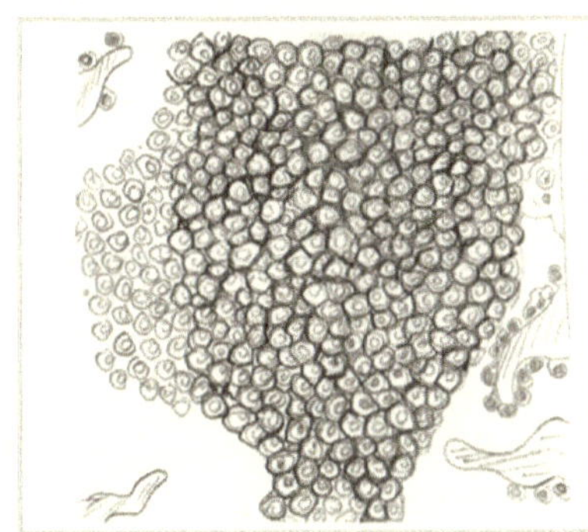

CAPITULO 4

Con disposición lineal de las células

Este grupo se caracteriza por la formación de estructuras linéales sobre un estroma fibrotico, esta conformado por 4 tipos diferentes de patrones estructurales: Fila India, Cordones, Trabecular y Retiforme/ Anastomosante.

1. Fila India

Patrón de disposición arquitectural en el cual las células neoplásicas forman una línea fina y delicada una tras de otra sobre un estroma fibroso.

Ejemplos:

- Adenocarcinoma
  polimorfo
  de bajo grado.
- Carcinoma lobulillar
  de la mama.
- Fibrosarcoma Epitelioide
  esclerosante.

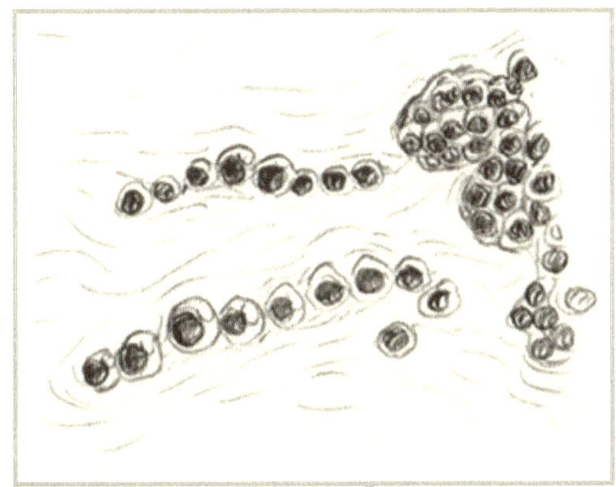

2. Cordones

Patrón conformado por células neoplásicas dispuestas formando estructuras lineales compactas semejantes a cuerdas.

Ejemplos:

* Tumor endocrino
  pancreático
  de células claras.
* Carcinoma escamocelular
* Tumor adenomatoide del
  corazón.

3. Trabecular

Diminutivo del latin trabs, la cual denota a una pequeña estructura conformada por múltiples elementos celulares, que se disponen formando tabiques o barras (de dos o mas líneas celulares), rodeados por abundante tejido colagenoso denso.

Ejemplos:

* Hepatocarcinoma
* Adenocarcinoma hepatoide.
* Adenoma del oído medio.

4. Retiforme / Anastomosante

Del latín anastom□sis. Patrón de disposición arquitectural caracterizado por una unión intrincada de elementos celulares de la mismas características que semejan una red.

Ejemplos:

- Tumor del seno endodérmico
- Ameloblastoma
- Tumor de Sertoli-Leydig
- Hemangioendotelioma retiforme

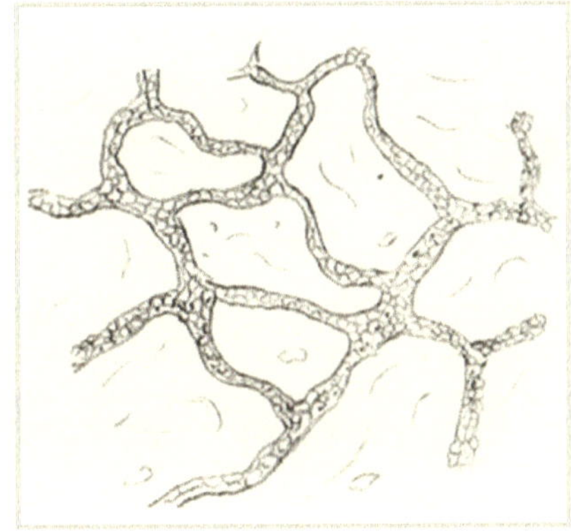

CAPITULO 5

Con formación de estructuras exofíticas

Este grupo esta conformado por 6 tipos de patrones: Papilar, Micro papilar, Verruciforme, Villoglandular, Pólipoide y Filiforme.

1. Papilar

Del latín papilla. Se refiere a la disposición de estructuras exofíticas digitiformes tapizadas por células tumorales las cuales descansan sobre un tallo fibroconectivo vascularizado.

Ejemplos:

- Carcinoma papilar de tiroides.
- Neoplasia papilar intraductal.
- Cistadenocarcinoma seroso papilar.
- Carcinoma papilar transicional.

2. Micro papilar

Patrón arquitectural conformado por estructuras exofíticas, digitiformes tapizadas por células tumorales cuya diferencia con el anterior radica en la ausencia de tallo fibrovascular central.

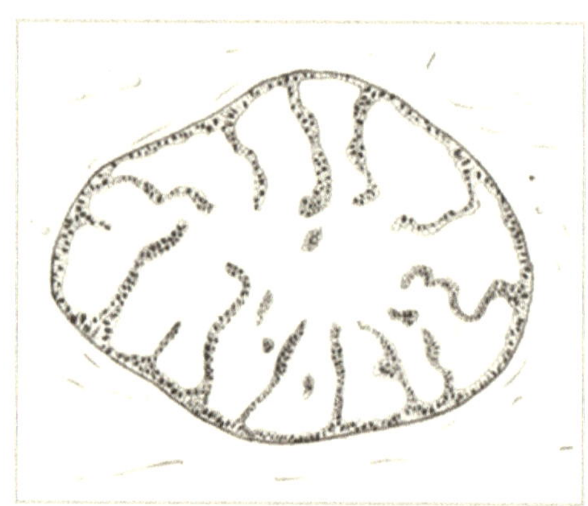

Ejemplos:

* Carcinoma urotelial micropapilar.
* Carcinoma ductal in situ micropapilar.

3. Verruciforme

Del latin verrωca, Excrecencia epitelial única o múltiple, de forma y tamaño variables constituida por la hipertrofia de las estructuras papilares epiteliales.

Ejemplos:

* Condiloma acuminado
* Verruga vulgar
* Carcinoma escamoso verrucoso

4. Villoglandular

El termino villoglandular del latín villsus, (que tiene vello) se utiliza para referirse a tumores con gran proliferación papilar semejantes a los vellos, se originan por lo general a partir de estructuras glandulares.

Ejemplos:

- Pólipo Villoglandular
- Carcinoma Villoglandular del útero
- Adenocarcinoma papilar villoglandular del cérvix

5. Pólipoide

Del latín polypus, se refiere al crecimiento en forma pediculada de tejido desde un epitelio.

Ejemplos:

- Pólipo fibroepitelial
- Pólipo Hiperplásico
- Pólipo Linfoide
- Pólipo Inflamatorio

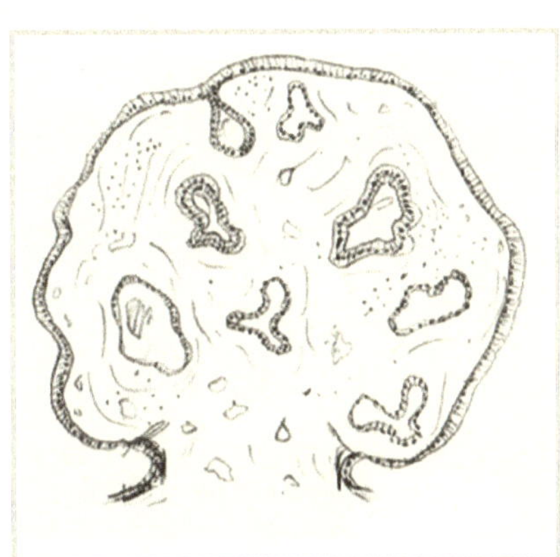

6. Filiforme

Este termino derivado del latín f lum y -forme se utiliza para referirse a las proyecciones filamentosas (semejantes a hilos) derivadas de estructuras papilares.

Ejemplos:

- Condiloma inmaduro del cérvix
- Poliposis colónica

CAPITULO 6

Con formación de estructuras tubulares

Este grupo de patrones incluye al patrón Glandular, Adenoide, Canalicular, Endometrioide, Tubular y Cribiforme.

1. Glandular

Esta denominación se debe a su semejanza con las glándulas (Del latín glandula) normales del organismo.

Ejemplos:

- Tumor carcinoide
- Hidraadenoma papilliferum
- Carcinoma adenoescamoso

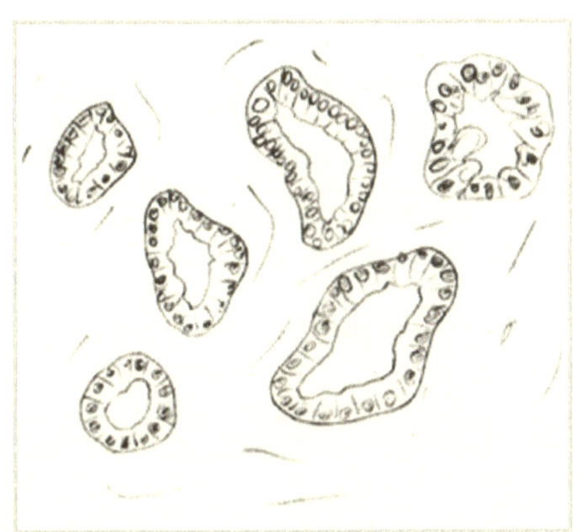

2. Adenoide

Del griego άδήν. En este patrón arquitectural se produce la formación de estructuras que semejan múltiples glándulas.

Ejemplos:

- Carcinoma adenoide quístico
- Carcinoma basocelular adenoide
- Carcinoma escamocelular adenoide

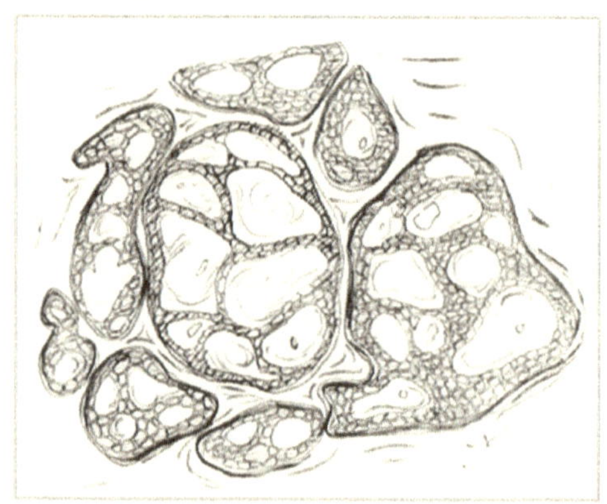

3. Canalicular

Diminutivo de la palabra canal del latin can☐lis, la cual se refiere a la formación de pequeños conductos por parte de las células tumorales.

Ejemplos:

- Adenoma Canalicular
- Carcinoma Hepatocelular
- Carcinoma canalicular

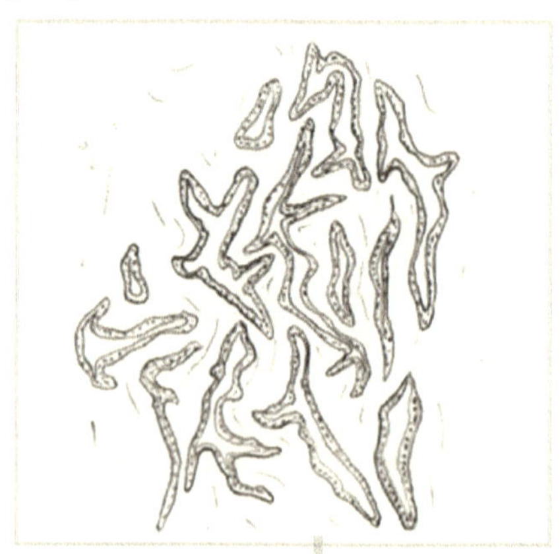

4. Endometrioide

Derivado del latin endo- y el griego ή, matriz, se refiere al patrón arquitectural que forma estructuras similares a las glándulas endometriales.

Ejemplos:

* Adenocarcinoma endometrioide del endometrio, vagina, ovario y cervix.

5. Tubular

Es el patrón utilizado para describir las estructuras cilíndricas huecas semejantes a tubos algunas de ellas anguladas conformadas por células neoplásicas, del latín tubus.

Ejemplos:

* Adenocarcinoma Hepatoide
* Adenoma Tubular
* Adenocarcinoma ductal pancreático
* Adenocarcinoma tubular gástrico

6. Cribiforme

Se refiere a la disposición de células neoplásicas en nódulos o lobulos en forma de puente romano, que muestra una imagen agujereada, con múltiples tabiques, del latín cribo.

Ejemplos:

- Carcinoma cribiforme de la mama
- Adenocarcinoma cribiforme del páncreas
- Hiperplasia cribiforme de células claras de la próstata

CAPITULO 7

Con disposición quística

A este grupo de patrones pertenecen el Quístico, el Macroquístico, el Micro-quístico y el Alveolar.

Del gr. [illegible] Es el patrón en el cual las células neoplásicas epiteliales crean formaciones semejantes a quistes (colecciones), los cuales deben ser cerrados y encapsulados por una membrana.

Ejemplos:

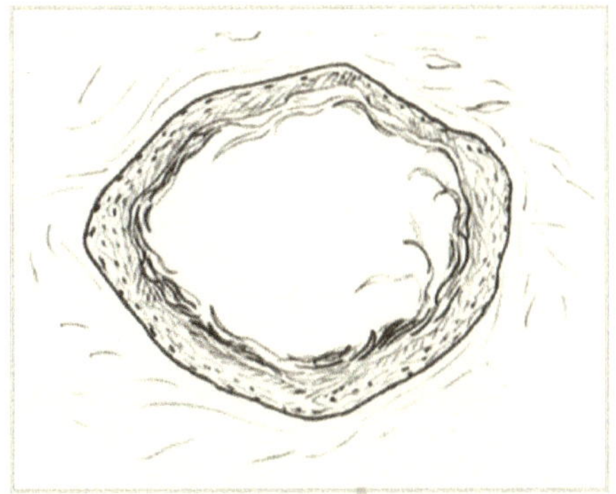

- Quiste de inclusión epitelial
- Mesotelioma quístico benigno

2. Macroquístico

Formación quística la cual se puede visualizar a simple vista (con el ojo desnudo) al examen macroscópico.

Ejemplos:

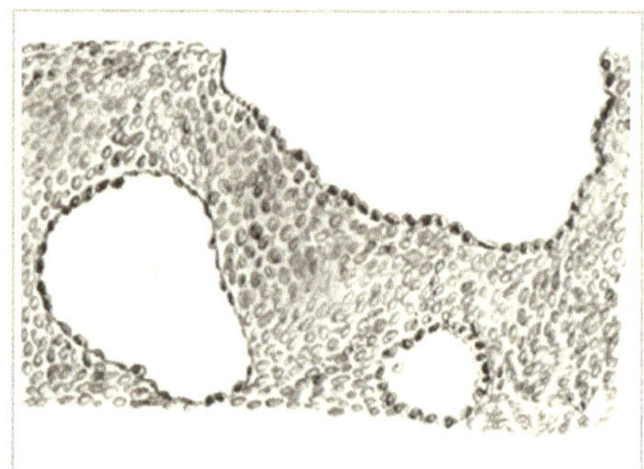

- Tumor de la granulosa juvenil
- Quiste del conducto tirogloso
- Hiperplasia simple sin atipia
  de tipo glandulo quístico
  de endometrio.

3. Microquístico

Se refiere a la formación quística protoplasmática rodeada por membrana celular, únicamente se puede observar microscópicamente. En la mayoría de los casos corresponde a vacuolizacion celular.

Ejemplos:

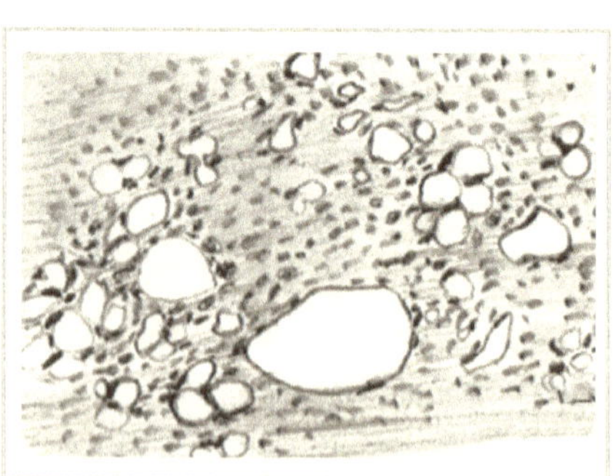

- Adenocarcinoma microquístico
  endocervical
- Carcinoma de células claras
- Neurilemoma

4. Alveolar

Del latín alve□lus, se refiere a la formación de cavidades de gran volumen tapizadas por células tumorales.

Ejemplos:

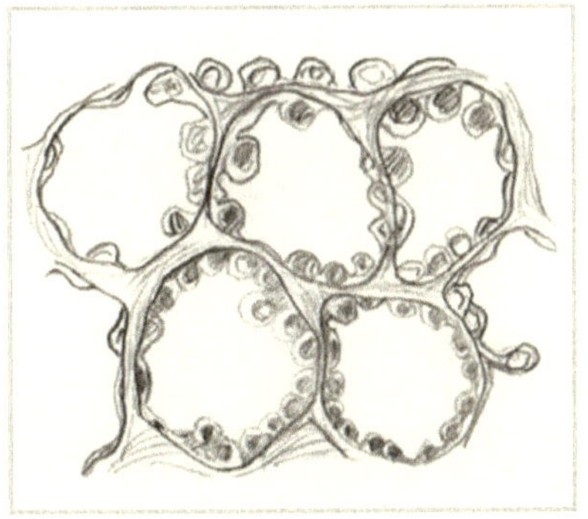

- Sarcoma alveolar de partes blandas
- Rabdomiosarcoma alveolar

CAPITULO 8

Con formación de estructuras de disposición circunferencial

A este grupo pertenecen los patrones Rosetoide, Pseudorosetoide, Targetoide, Tactiloide y Glomeruloide.

1. Rosetoide

En este patrón las células tumorales toman una disposición circular muy juntas, semejante a los pétalos de una rosa, con la presencia de un halo central el cual consiste en un espacio formado por procesos citoplasmáticos.

Ejemplos:

• Timoma
• Ependimoma

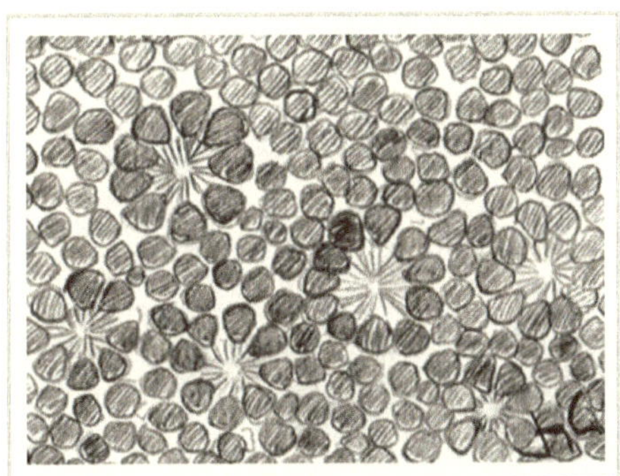

2. Pseudirosetoide

Es un tipo de roseta, en el cual las células se disponen en forma perivascular, constituyendo el vaso sanguíneo el centro de la rosa.

Ejemplos:

* Tumor de Ewing
* Neuroblastoma.

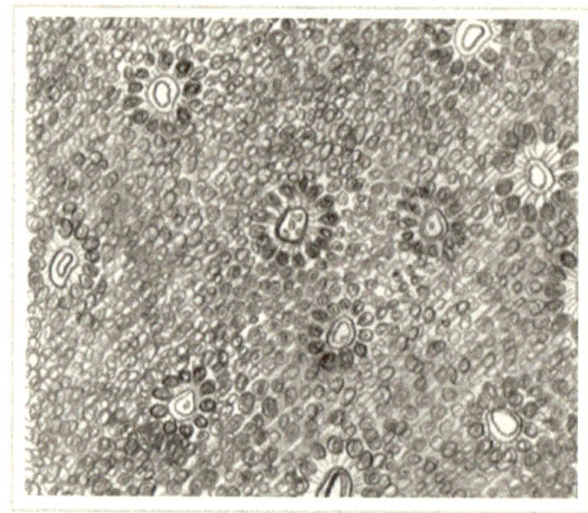

3. Targetoide

En este patrón arquitectónico tumoral las células se disponen en una forma arremolinada semejante a una diana.

Ejemplos:

* Malacoplaquia
* Hemangioma hemosiderótico targetoide
* Sífilis cutánea congénita
* Carcinoma lobulillar de la mama

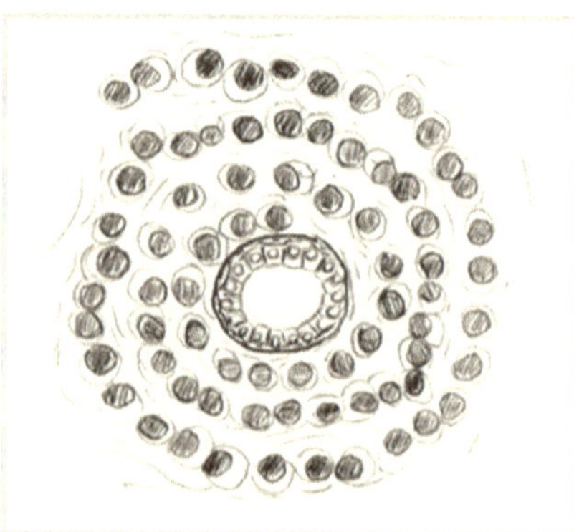

4. Tactiloide

Patrón arquitectónico cuya denominación se deriva del latín tactilis, debido a la disposición semejante a los corpúsculos táctiles de Paccini que toman las células que lo componen.

Ejemplos:

- Schwannomas
- Neurofibromas

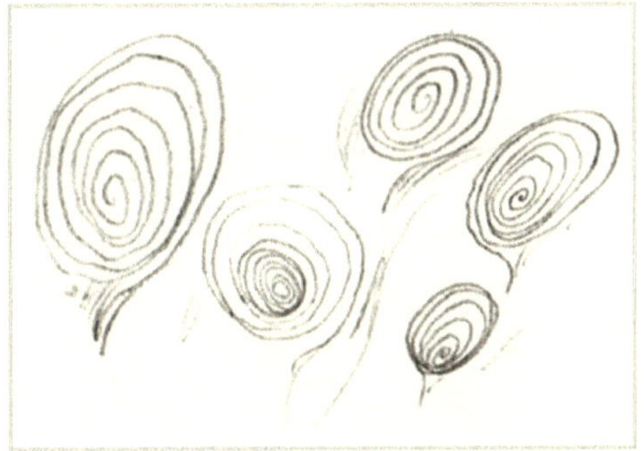

5. Glomeruloide

En este patrón estructural las células crean formaciones semejantes a los glomérulos renales.

Ejemplos:

- Hemangioma glomeruloide
- Hemangioendotelioma kaposiforme
- Tumor de Wilms

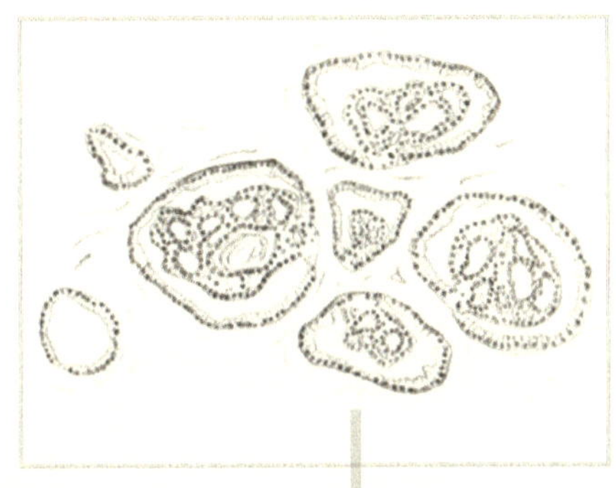

CAPITULO 9

Epiteliales

En este grupo se han incluido a los patrones Comedo, Hiperqueratótico, Acantolítico, Basaloide, Pagetoide y Ulcerado.

1. Comedo

Este patrón se refiere a una lesión con un centro altamente necrótico, rodeado por respuesta inflamatoria y figuras mitóticas.

Ejemplos:

- Comedocarcinoma mamario
- Carcinoma Basoescomaso
- Carcinoma mucinoso

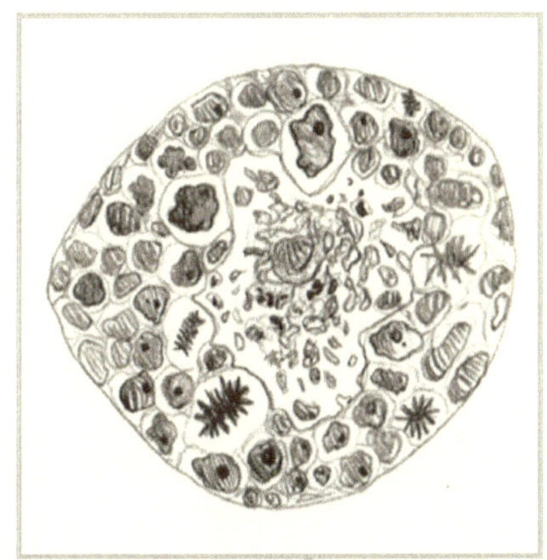

2. Hiperqueratótico

Aumento del espesor de la capa cornea, por producción excesiva de quera-
tina.

Ejemplos:

- Hiperplasia verrucosa
- Condiloma acuminado
- Carcinoma Verrucoso

3. Acantolitico

Patrón propio de las neoplasias epiteliales que presentan desmosomas,
en el cual hay pérdida de la cohesividad celular, con presencia de células
sueltas.

Ejemplos:

- Carcinoma escamocelular
- Queratosis seborreica
- Disqueratoma Warty

4. Basaloide

Este patrón arquitectónico de crecimiento tumoral frecuentemente visto en las neoplasias epidérmicas, consiste en la presencia de nidos o lóbulos de células semejantes a las básales con empalizada periférica, rodeadas por una pérdida del estroma "retracción estromal".

Ejemplos:

* Carcinoma basocelular
* Ameloblastoma
* Carcinoma basaloide

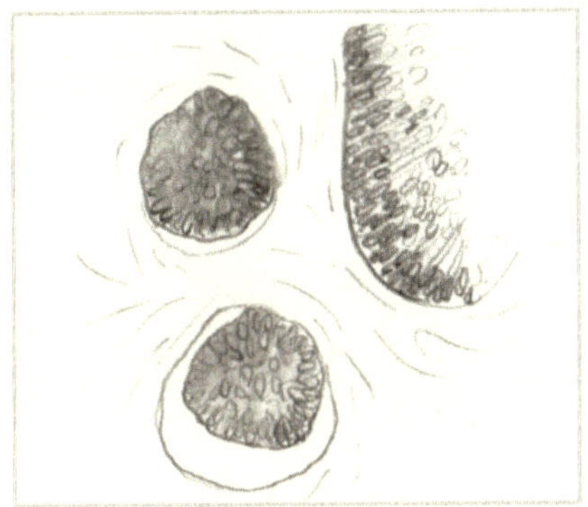

5. Pagetoide

Este término es utilizado para referirse a un crecimiento de de células pleomorfas de citoplasma amplio, vacuolado, en la epidermis, las cuales inician en la parte basal de la epidermis y se extienden a las capas mas superficiales. Este patrón es de gran utilidad debido a que es considerado en algunos casos una entidad premaligna y en otros un indicador de neoplasia subyacente.

Ejemplos:

* Enfermedad
  de Bowen
* Enfermedad
  de Paget de la mama

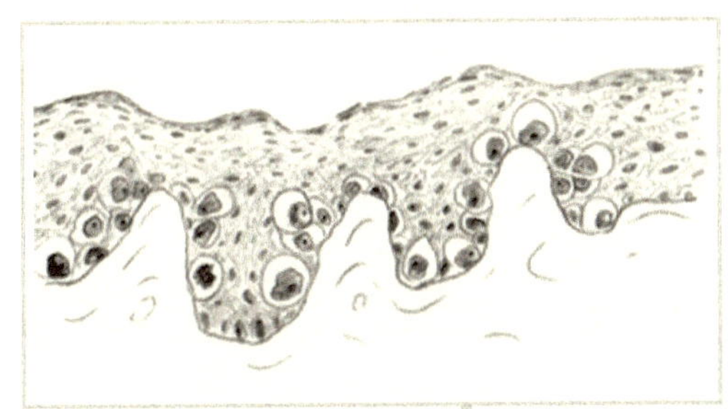

6. Ulcerado

Este tipo de patrón se refiere a la formación de úlcera por la lesión tumoral la cual es una lesión abierta en la piel o en una membrana mucosa, con forma de cráter. Para ser denominado ulcera en la piel la lesión debe traspasar la membrana basal, en el tubo intestinal lo debe hacer con la capa muscular de la mucosa y en otras membranas debe alcanzar la submucosa.

Ejemplos:

* Adenocarcinoma gástrico
* Carcinoma escamocelular

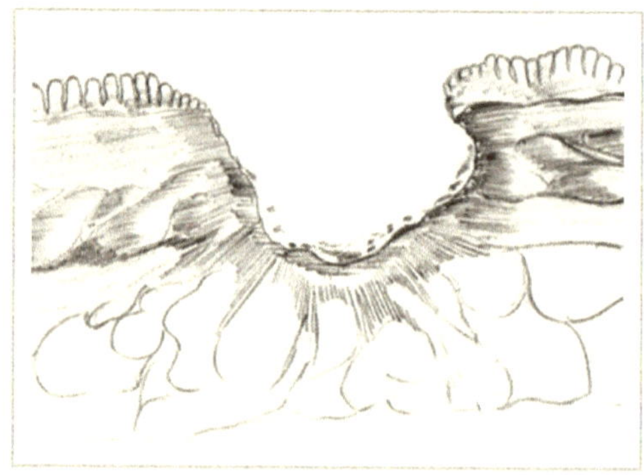

CAPITULO 10

Con componente mesenquimal predominante

A este grupo pertenecen los patrones Desmoplásico, Fusiforme, Estoriforme, Espina de pescado/ Fascicular, Neurilemal y Mixoide.

1. Desmoplásico

La denominación de este patrón procede del griego "desmos" el cual se refiere a la presencia de bandas, producto de la formación de gran fibrosis y adherencias en el estroma neoplásico.

Ejemplos:

- Tumores de células pequeñas redondas y azules desmoplásico
- Mesotelioma desmoplásico
- Carcinoma de Mama

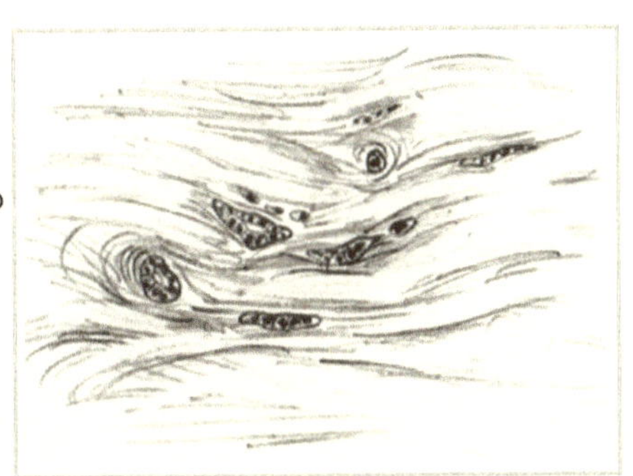

2. Fusiforme

Del latín Fusos. Este patrón arquitectónico se observa en neoplasias conformadas por células en forma de huso, que poseen la tendencia a disponerse en forma lineal, con extremos alargados.

Ejemplos:

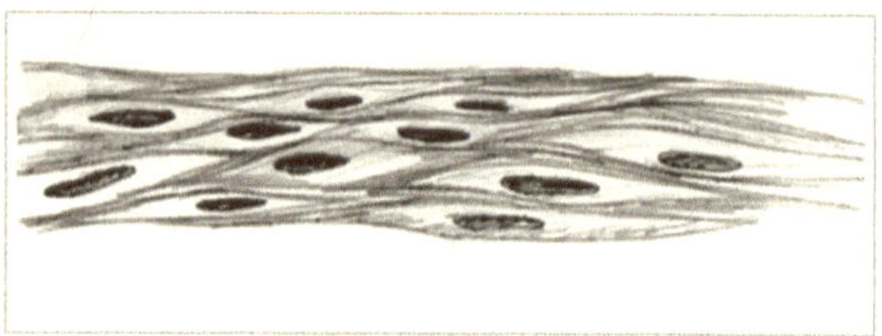

- Leiomioma
- Sarcoma fibromixoide de bajo grado

3. Estoriforme

Este patrón denominado de esta manera por la palabra inglesa storiform, se refiere a la disposición de células alargadas altamente elongadas, que giran sobre un eje central, similar a un remolino.

Ejemplos:

- Histiocitoma fibroso benigno
- Dermatofibrosarcoma protuberans

4. Espina de pescado/ Fascicular

Este patrón arquitectónico describe la formación de columnas paralelas de líneas convergentes las cuales se dirigen a direcciones opuestas similares a las espinas del esqueleto de un pez.

Ejemplos:

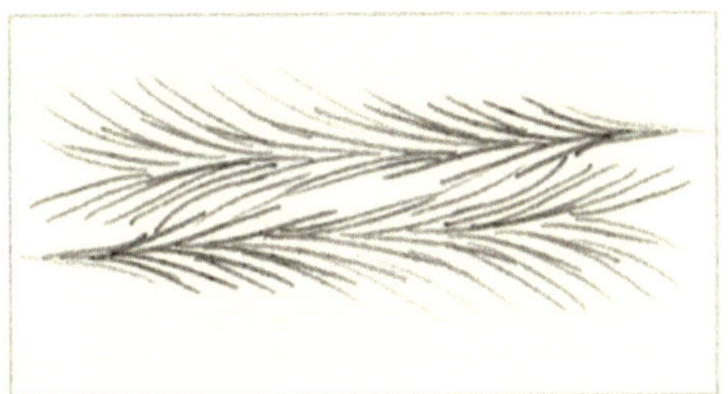

* Sarcoma sinovial monofásico
* Fibrosarcoma
* Fibromatosis

5. Neurilemal

En este patrón arquitectónico se forman estructuras semenjantes al neurilema, o a la membrana que recubre las fibras nerviosas.

Ejemplos:

* Neurilemoma
* Leiomioma

6. Mixoide

En este patrón arquitectónico existe un alto volumen estromal el cual tiene una configuración mucoide, dentro del cual se pueden apreciar células discohesivas de aspecto estrellado.

Ejemplos:

- Hamartoma mesenquimal
- Liposarcoma
- Mixoma del corazón
- Fibromixoma acral superficial

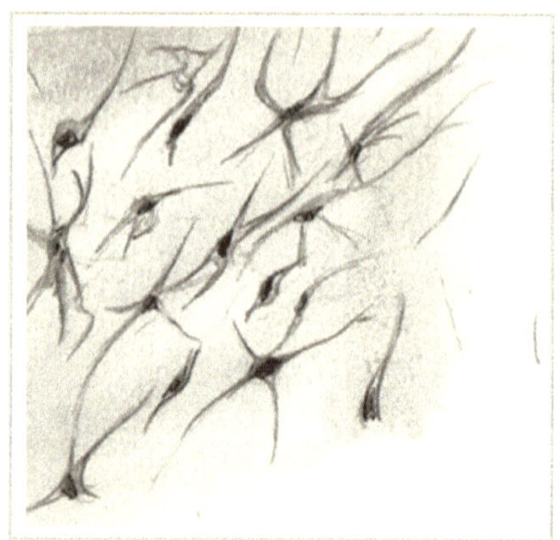

CAPITULO 11

Con formación de estructuras vasculares

Este grupo se encuentra conformado por 4 tipos de configuraciones arquitecturales Vascular, Pseudoangiomatoso, Hemangiopericitoide y Sinusoidal

1. Vascular

En este patrón existe una proliferación de vasos sanguíneos de diferentes formas y tamaños.

Ejemplos:

- Angiomixoma agresivo
- Condrosarcoma mesenquimal
- Leiomiosarcoma
- Carcinoma de células claras renal

2. Pseudoangiomatoso

En este patrón arquitectónico existe la formación de canales artificiales que simulan canales vasculares, secundarios a una marcada proliferación de células fusiformes.

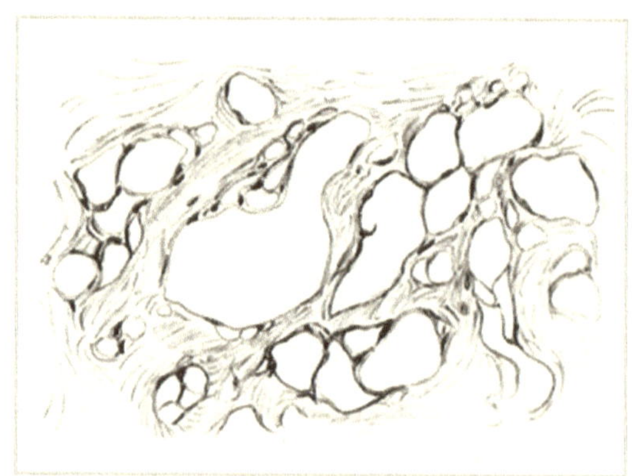

Ejemplos:

- Hiperplasia estromal pseudoangiomatosa
- Hemangioma

3. Hemangiopericitoide

En este patrón arquitectónico existe una proliferación de estructuras vasculares de diferentes formas algunas con ángulos agudos, las cuales se encuentran revestidas por células semejantes a las del músculo liso "pericitos", dando una apariencia en "astas de ciervo".

Ejemplos:

- Hemangiopericitoma
- Tumor fibroso solitario
- Fibrosarcoma congénito
- Miopericitoma

4. Sinusoidal

En este patrón existe la formación de canales vasculares, los cuales se disponen en una forma serpentiginosa u ondulada.

Ejemplos:

- Hemangiomas sinusoidales
- Angiosarcoma epitelioide
- Sarcoma alveolar de partes blandas
- Mieloma del hueso
- Linfoma de células T

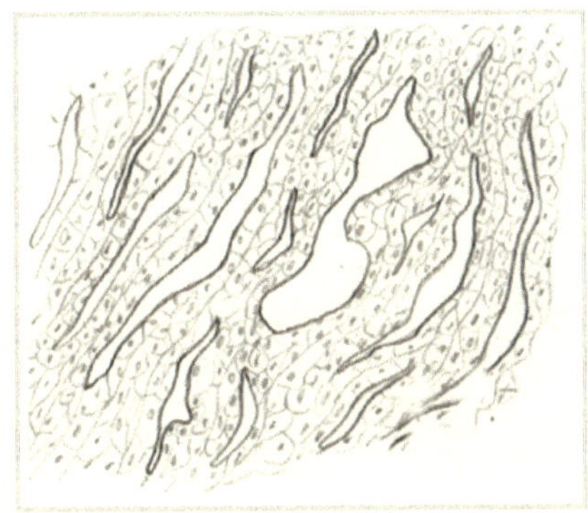

CAPITULO 12

De infiltración hematolinfoide

En este grupo se encuentran los patrones Focal, Intersticial, Difuso, Mixto y cielo estrellado.

1. Focal/Nodular

En este patrón de bajo grado, se forman nódulos de linfocitos maduros formando estructuras más grandes que los folículos linfoides normales. No se presenta infiltración intersticial ni pérdida de las células adiposas.

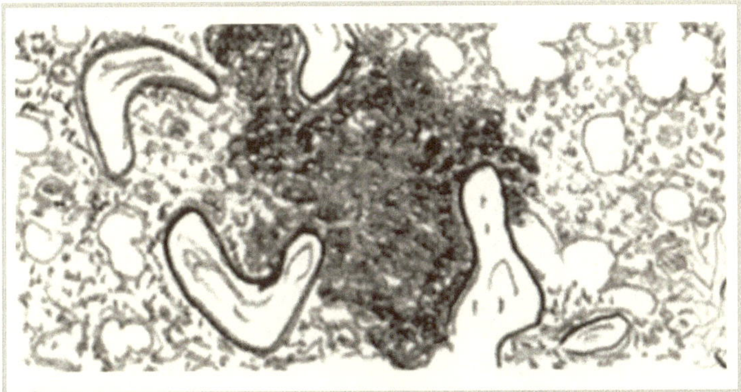

2. Intersticial

En este patrón de bajo riesgo existe un grado de reemplazo del tejido hematopoyetico normal por linfocitos tumorales con preservación de la estructura de la medula ósea y de los adipocitos.

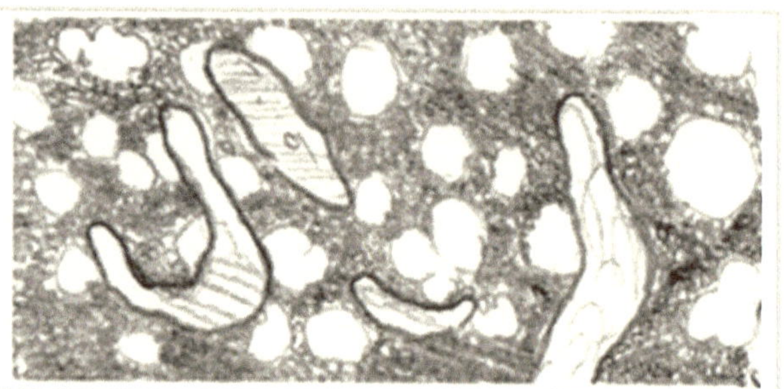

3. Difuso

En este patrón de infiltración de alto grado existe un reemplazo masivo del tejido normal por linfocitos tumorales con reemplazo de las células adiposas y de la estructura normal de la medula ósea.

Finalmente, existe otro patrón de infiltración conocido como mixto en el cual se presenta una combinación de los patrones anteriores.

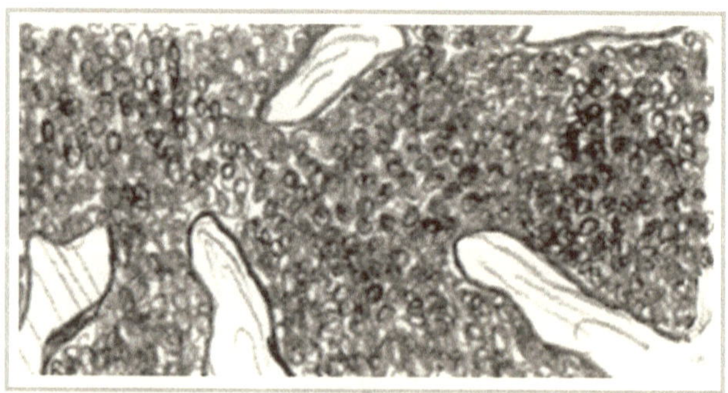

4. Cielo Estrellado

Este patrón, el único que no forma parte de los patrones de infiltración de medula ósea de esta categoría, recibe su nombre debido a la semejanza al cielo en una noche estrellada, tal imagen es producida por la presencia de gran cantidad de histiocitos reactivos con cuerpos tingibles distribuidos difusamente en medio múltiples células linfoides densamente agrupadas.

Ejemplos:

- Linfoma de Burkitt
- Leucemia Linfoblastica Aguda
- Linfoma Linfoblastico
- Linfoma de célula B grande difuso

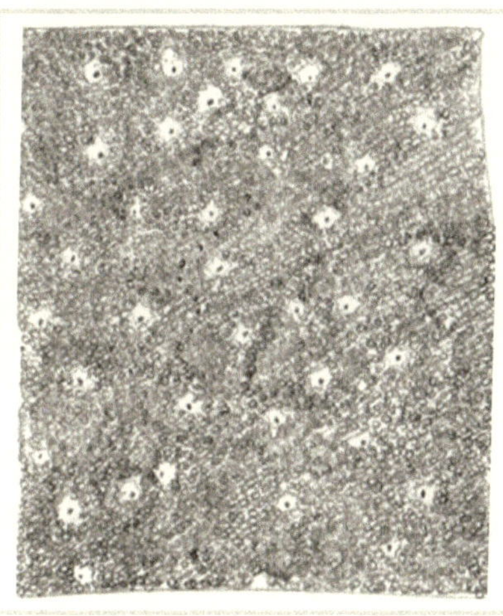

CAPITULO 13

Componentes mixtos

A este último grupo se han incorporado los patrones Mixto, Bifásico y Meta-plásico.

1. Mixto

En los tumores que presentan esta disposición arquitectónica existe una mezcla de dos o más de los patrones anteriormente nombrados.

Ejemplos:

- Carcinoma Adenoescamoso
- Tumores epiteliales mioepitelieles
- Tumor mulleriano mixto

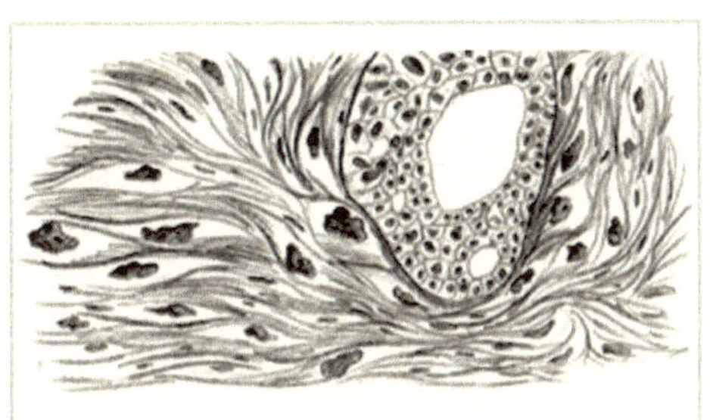

2. Bifásico

En este patrón arquitectural existe la mezcla de dos tipos arquitecturales diferentes generalmente de grupos diferentes.

Ejemplos:

- Blastoma pleuropulmonar
- Sarcoma sinovial
- Neurilemoma
- Mesotelioma
- Adenofibroma metanéfrico

3. Metaplásico

En este último patrón arquitectural las células iniciales de una lesión tumoral maligna sufren una transformación a otro tipo de células.

Ejemplos:

- Carcinoma metaplásico de la mama.
- Tumor papilar metaplasico.

CAPITULO 14

Consideraciones finales

La Histopatología (del griego histos (tejido) y pathos (sufrimiento)) es la ciencia que estudia las modificaciones patológicas de los tejidos del cuerpo. Para lo cual utiliza el examen microscópico de muestras obtenidas por biopsia u otros procedimientos. Una vez se cuenta con el material a evaluar se indagan una serie de características, como establecer el origen de la muestra, la determinación de la existencia de lesión, el tipo de lesión, el patrón histopatológico, la extensión y gravedad de la lesión, además de las características citológicas (1,2). El Patrón histopatológico o la configuración morfológica microscópica de las células que conforman la lesión tiene un papel de especial relevancia en la patología tumoral o oncopatologia, debido que permite el estudio de la forma de crecimiento de la neoplasia en el tejido afectado, lo cual es clave para el diagnostico, pronostico y tratamiento. Para su establecimiento se debe realizar un escrutinio cuidadoso de los cortes convencionales con el microscopio de luz, a bajo poder, con el fin de encontrar las características microscópicas relevantes, el tamaño la profundidad de la lesión, la relación con el tejido adyacente y la naturaleza de los bordes. El conocimiento adecuado de la morfología de crecimiento tumoral a través de la definición de estos 59 diferentes tipos de patrones y su subdivisión en estos 11 grupos, ofrecen una herramienta al patólogo en la valiosa labor de la elaboración del diagnostico correcto, fin ultimo de esta especialidad.

REFERENCIAS BIBLIOGRÁFICAS

1. Hutter RV. The surgical pathologist as a diagnostician and consultant. Am J Clin Pathol. 1981 Mar;75(3 Suppl):447-52.

2. Murphy WM. The evolution of the anatomic pathologist from medical consultant to information specialist. Am J Surg Pathol. 2002 Jan;26(1):99-102.

3. Louis DN, Ohgaki H, Wiestler OD and Cavenee WK. Pathology and Genetics of Tumours of the Central Nervous System. Volume 1. 4th edition, IARC WHO Classification of Tumours. IARC Press 2007.

4. Hamilton SR and Aaltonen LA. Pathology and Genetics of Tumours of the Digestive System. Volume 2. 3th edition, IARC WHO Classification of Tumours. IARC Press 2000.

5. Jaffe ES, Lee-Harris N, Stein H and Vardiman JW. Pathology and Genetics of Tumours of Haematopoietic and Lymphoid Tissues. Volume 3. 3th edition, IARC WHO Classification of Tumours. IARC Press 2001.

6. Tavassoli FA and DevileeP. Pathology and Genetics of Tumours of the Breast and Female Genital Organs. Volume 4. 3th edition, IARC WHO Classification of Tumours. IARC Press 2003.

7. Fletcher CDM, K Krishnan Unni and Mertens F. Pathology and Genetics of Tumours of Soft Tissues and Bone. Volume 5. 3th edition, IARC WHO Classification of Tumours. IARC Press 2003.

8. LeBoit PE, Burg G, Weedon D and Sarasi A. Pathology and Genetics of Skin Tumours. Volume 10. 3th edition, IARC WHO Classification of Tumours. IARC Press 2006.

9. Eble JN, Sauter G, Epstein JI and Sesterhenn IA. Pathology and Genetics of Tumours of the Urinary System and Male Genital Organs. Volume 6. 3th edition, IARC WHO Classification of Tumours. IARC Press 2004.

10. DeLellis RA, Lloyd RV, Heitz PU and Eng C. Pathology and Genetics of Tumours of Endocrine Organs. Volume 8. 3th edition, IARC WHO Classification of Tumours. IARC Press 2004.

11. Barnes L, Eveson LW, Reichart P and Sidransky D. Pathology and Genetics of Head and Neck Tumours. Volume 9. 3th edition, IARC WHO Classification of Tumours. IARC Press 2005.

12. Travis WD, Brambilla E, Muller-Hermelink HK and Harris CC. Pathology and Genetics of Tumours of the Lung, Pleura, Thymus and Heart. Volume 7. 3th edition, IARC WHO Classification of Tumours. IARC Press 2004.